漫娱图书

口袋锦鲤系列

小羊皮卷

我的人生锦鲤书

嗨迪 编著

长江出版社

漫娱图书

这是一本属于你的转运手册,
困惑的时候,失意的时候,无聊的时候……
随时随地,打开它,发现生活的小确幸。

目录 CONTENTS

PART
生活就是充满起起落落

- 水逆效应
- FLAG 效应
- 工作倒霉效应
- 空巢宠物效应
- 有生之年效应
- 中年少女效应
- 996.ICU 效应
- 彩虹屁效应
- 正能量追星效应
- 佛系效应
- 原创焦虑效应
- 跳槽效应

008~031

- 快进效应
- 凭空出错效应
- 垃圾食品效应
- 人格分裂效应
- 世界那么大效应
- 真香效应
- 背锅效应
- 道理我都懂效应
- 火锅天敌效应
- 励志日剧效应
- 消费降级效应
- 美颜相机效应
- 越苦越甜效应

032~057

PART
拖延一时爽,一直高效一直爽

060~079
- 整点效应
- 找东西效应
- 学英语效应
- 倒计时追剧效应
- 迟到效应
- 吃瓜效应
- 在路上效应
- 机会效应
- 先马后看效应
- 门禁效应

080~097
- 下饭效应
- 不准时闹钟效应
- 脱欧效应
- 吵架不如打游戏效应
- 边急边玩效应
- 精致熬夜效应
- 视频广告效应
- 碎片化工作效应
- 意念回复效应

PART
只要我够懒,
就会找到更机智的解决办法

BGM 效应
沙县小吃效应
美丽芭蕾效应
减肥绊脚石效应
金鱼记忆效应
随机播放效应
粉丝电影效应
过早防晒效应
柠檬效应
名场面效应

100~119

周末废人效应
相关热搜效应
仪式感效应
MUJI 效应
可乐鸡翅效应
豆瓣电影效应
连锁效应
习惯性好评效应
自我感动效应

120~137

PART
喜欢是冲动,热爱是放肆

140~157

吸猫效应
种草效应
没衣服穿效应
心血来潮效应
转身嫌弃效应
叛逆评分效应
租房改造效应
分期付款效应
健身年卡效应

158~173

基础款效应
破产姐妹效应
Kindle效应
外卖冒险效应
前方高能效应
爆款效应
拆快递效应
吃完这顿减肥效应

PART

我不是社恐，只是一株含羞草

被动追剧效应
社交 NPC 效应
毛玻璃心效应
烧烤效应
表情包效应
格子衫效应
鬼畜效应
小透明效应
小建议效应
以退为进效应
关键词效应
来都来了效应   176~199

秀恩爱效应
性子直效应
哈哈哈哈哈哈哈效应
歌单静止效应
多喝热水效应
游戏黑洞效应
与我无关效应
微笑表情效应
中医效应
重映效应   200~221
独乐乐效应

PART

生活总是充满起起落落

假如生活给了我一颗酸柠檬,
我就把它做成好喝的柠檬水。

小羊皮卷
LAMBSKIN ROLL

水逆效应

一段时间内出现的干啥啥不顺,

喝水都塞牙的情况,即是陷入了水逆效应。

PART

生 活 总 是 充 满 起 起 落 落

反正墨守成规也会错,

这种时候不妨放开胆子去做点有创意的事,

说不定会有意想不到的收获。

◆ FLAG 效应 ◆

一旦说出了定下的目标,立下一个 FLAG,
这个目标就绝对无法达成的反人类现象,
说的时候越笃定,完成情况就越是惨不忍睹。

PART

生活总是充满起起落落

内心很想达成的目标千万不要说出来,

埋头苦干就对了,

这样会极大地提高你成功的概率。

工作倒霉效应

每次认真工作的时候总是没人看到,只要停下来休息一下,这时一定会被人发现。

● PART

生 活 总 是 充 满 起 起 落 落

这种情况下最适合汇报工作进展了，
这样既可以让领导知道你并没有偷懒，
又可以提高自己的工作积极性。

空巢宠物效应

一种常见于一线城市,因为主人需要外出工作,导致宠物长时间独自在家,没人照顾的现象。

● PART

生 活 总 是 充 满 起 起 落 落。

如果你是工作很忙的上班族,又很想要一只宠物,
可以考虑和有同样想法的朋友合租,
这样大家就可以轮流照顾小动物了。

◆ 有生之年效应 ◆

一种在朋友圈广为流传,

因热切追求的东西却求而不得,

但依旧深怀希望,期待有生之年能如愿以偿的念想。

PART

生 活 总 是 充 满 起 起 落 落

既然你热爱的那些事物需要长久的耐心去等待，

不妨趁这个空隙再培养更多爱好，

同时怀有很多期望，岂不是更快乐了。

搞点别的

中年少女效应

明明是花季女孩,
却饱受脱发、长胖等中年问题困扰的心酸现象。

● PART

生 活 总 是 充 满 起 起 落 落

从现在开始调整饮食、积极运动,

等你真的人到中年,就可以仍然保持少女形态了。

996.ICU 效应

"工作996,生病ICU"的简称。
一种上班时间从早上九点到晚上九点,一周工作六天,
一生病就直接进ICU的奇怪现象。

● PART
生 活 总 是 充 满 起 起 落 落

如果你需要找工作,为了身体健康和长远发展,
选择时最好避开"996"工作制的公司。

彩虹屁效应

一种相信了别人对自己的吹捧，
然后为了不辜负这一份信任，努力达成期望的情况。

PART

生活总是充满起起落落

当你希望自己变得更好时，

可以找几个朋友来夸夸你，

说不定就会为了成为彩虹屁中完美的自己而努力了。

正能量追星效应

现代年轻人为了追星,

给偶像拍更好的照片,向更多人安利偶像,

而刻苦学习修图、视频剪辑等技能的上进现象。

PART

生 活 总 是 充 满 起 起 落 落

当你感到很沮丧，没有生活动力的时候，

可以考虑一下追星，

这样就可以获得超强的学习动力了。

佛系效应

明明年轻气盛,却仿佛出家人一般,奉行"不争不抢,不求输赢,不苛求、不在乎、不计较,看淡一切,随遇而安"的行事准则的年轻人。

PART

生 活 总 是 充 满 起 起 落 落

生活中遇到麻烦时,

佛系心态可以帮助你一直保持情绪稳定,

促进你更高效地解决问题。

LOVE
&
PEACE

原创焦虑效应

在社交网络发布原创内容时,

经常担心别人知道自己的想法,

害怕被别人嘲笑,

转而选择转发其他人的内容的现象。

PART

生 活 总 是 充 满 起 起 落 落

转发也是表达观点的一种方式，
有时其他人会有更加全面的看法，
转发也可以学习到更多的东西。

转发//转发//

到处都是知
识盲点！

跳槽效应

一种看似可以改变人生,
其实大多数情况下只是从一栋楼里换到另一栋楼里工作,
本质上并无差别的现象。

PART

生活总是充满起起落落

当你不知道自己到底想要什么样的工作时,

跳槽可以帮你排除掉一些不合适的选项。

快进效应

一种明明感觉有的事情刚发生没多久,

仔细一想却已经过了好几年,

仿佛生活被人按了快进键的现象。

PART

生活总是充满起起落落

深刻了解了这一效应,

你会发现时间比你想象的无情多了,

所以要好好珍惜当下的生活,开心度过每一天。

凭空出错效应

做一件事的时候,本来并不会犯错,
一旦别人提醒你一定要注意什么,
反而会出现相应错误的奇怪现象。

PART

生活总是充满起起落落

既然如此,当你对一件事有把握的时候,

就不必过多地听别人的提醒了,

心中有数、胆大心细,是应对这类事情最好的办法。

垃圾食品效应

一种以高热量、低营养、重口味的反健康模式,
吸引众多年轻买家的奇怪现象。
现代的年轻人往往在不开心时,会吃更多的垃圾食品,
好像这样就可以吃掉垃圾心情。

生活总是充满起起落落

知道了这种效应,下次如果你的朋友不开心了,与其说些安慰的话,不如给他买一堆垃圾食品,让他大吃一顿来减压。

人格分裂效应

一种在当代网络社交中常见的，
同一个人在不同账号中表现出
截然不同的人格特征的奇怪现象。

● PART

生 活 总 是 充 满 起 起 落 落

当你知道了这个效应,

以后就不必再为朋友圈里别人的成功感到焦虑了,

说不定他的苦水都藏在另一个平台里呢。

小羊皮卷
LAMBSKIN ROLL

◆ 世界那么大效应 ◆

一种辞职的常见术语,

表面台词通常是"世界那么大,我想去看看",

实际意义是"事多钱少离家远,我不想干了"。

● PART

生 活 总 是 充 满 起 起 落 落

现在说明这句话已经被用烂了，
所以，如果你想辞职又怕领导不高兴的话，
换个别的说法吧！

真香效应

一种才信誓旦旦地表达自己的某种观点，
立马就被现实打脸的奇怪现象。

PART

生活总是充满起起落落

谁不喜欢真香呢,

能够承认"真香"说明你是一个豁达的人,

而且喜欢的人或事又多了一件,这样不是很好吗?

小羊皮卷
LAMBSKIN ROLL

◆ 背锅效应 ◆

一种明明每天都很努力工作,

但项目中一旦出现问题,

自己总是会被拉出来承担责任的奇怪现象。

● PART

生 活 总 是 充 满 起 起 落 落

最好的解决方式就是记好工作记录，
将工作内容和责任人记录清楚，
这样功劳和过错都一目了然了，
就可以避免无辜背锅了。

◆ 道理我都懂效应 ◆

一种明明能力不差，说啥都能理解，

但实际行动起来时，就经常陷入一种

"道理我都懂，但这是个什么意思？"的奇怪现象。

PART

生 活 总 是 充 满 起 起 落 落

行动之前整理一下思路,

会极大地减少这种状况出现的概率。

如果还是不行,就忘掉道理,干了再说吧!

◆── 火锅天敌效应 ──◆

一种吃火锅时,

不管坐在哪个方位,

火锅的烟雾一定会往你所在的方向飘的奇怪现象。

● PART

生 活 总 是 充 满 起 起 落 落

遇到这种情况的话,

不如约上喜欢的人一起去吃火锅,

然后你就有理由坐在他的旁边啦。

励志日剧效应

看完日剧后,

人就能立马呈现出

"不向上,毋宁死"状态的神奇现象。

打鸡血……

● PART
生 活 总 是 充 满 起 起 落 落

如果你觉得最近的生活缺点动力,

　　那就来看励志日剧吧。

消费降级效应

一种没钱的时候安慰自己的体面说辞。

PART

生 活 总 是 充 满 起 起 落 落

当朋友说他准备消费降级的时候,

你就别再邀请他一起花钱了,他没钱。

美颜相机效应

一种喜闻乐见的自我欺骗方式。
很多人看过美颜相机里的自己,
就再也不想打开自带相机的奇怪现象。

PART

生 活 总 是 充 满 起 起 落 落

那你可以买个华为P30手机，

它自带美颜相机，

可以让你再也见不到真实的自己。

越苦越甜效应

一种工作越辛苦,
越喜欢看甜甜的剧和综艺,
对娱乐内容不想追求深度,
只想放松一下的现象。

PART

生 活 总 是 充 满 起 起 落 落

下次如果不得不加班,

与其一边焦虑一边拖延,

不如先看一集甜甜的电视剧,

让心情处于一个放松的状态,

然后再一口气把工作干完。

PART

拖延一时爽,一直高效一直爽

虽然我总在一边摸鱼一边焦虑,
但 deadline 让我效率爆棚。

小羊皮卷
LAMBSKIN ROLL

整点效应

一种一定要等到整点才能开始工作的强迫症效应。
如果错过了这个整点,
那就干脆再休息一下,下个整点再开始吧!

PART

拖延一时爽,一直高效一直爽

先给自己定个小目标,

绝对不把工作拖到明天,

这样你就可以在今天的最后一个整点前完成任务了。

找东西效应

一种有的东西明明每天都在眼前,
需要用的时候却怎么都找不到的奇怪现象。

● PART

拖延一时爽,一直高效一直爽

需要某个东西的时候,

如果一时找不到,先不要着急,放一段时间,

可能它就会自己出现了。

学英语效应

每次想要开始学英语背单词的时候,
就总是会想起自己还有好几件事没有做完。

● PART

拖延一时爽,一直高效一直爽

当你觉得无事可做的时候,

不妨背一下英语单词,

这样你就会忙碌起来了。

accept v. 接受
achievement n. 成就
advantage n. 有利条件
advertisement n. 广告

倒计时追剧效应

当热播剧或者系列电影到了最后一部的时候，
就会出现一大批新的观众，
在最终季开播之前倒计时补完前面的所有剧情，
在最后时刻和追剧大军会合。

PART

拖延一时爽，一直高效一直爽

当你觉得无聊不知道看什么剧好的时候，

不妨看看最近有什么要完结的剧，

然后设置一个倒计时追剧，

这样一来，不仅不会无聊，

还可以和网友们一起期待接下来的剧情。

迟到效应

参加集体活动时,

无论中间的准备时间多么充裕,

最后总还是会有人迟到的现象。

10 分钟
20 分钟
30 分钟
60 分钟
……

PART

拖延一时爽,一直高效一直爽

当你需要组织集体活动的时候,

最好将集合时间提前 15 分钟,

这样可以最大程度地避免活动的延误。

小羊皮卷
LAMBSKIN ROLL

吃瓜效应

在网络讨论中,不参与只围观,最后对整个事件的来龙去脉了解得比参与讨论的人还多的现象。

PART

拖延一时爽,一直高效一直爽

如果你想更加全面地了解一件事,
可以采取吃瓜的形式,先收起自己的意见,
多听听其他的人怎么说。

在路上效应

约会迟到然后接到催促电话时的回复套路,一般的"在路上了"多指"我还没出门"。

● PART

拖延一时爽,一直高效一直爽

如果你有约会习惯性迟到的朋友,

可以提前打电话催促她,

听到"在路上了"的回答,还可以不慌不忙地出门。

机会效应

一种常用于广告和社交的推托词汇,一般情况下"机会难得……""有机会……"等都意味着没有机会。

PART

拖延一时爽,一直高效一直爽

下次再看到这类说法,
一定要睁大眼睛别被骗了。

先马后看效应

一种在社交网络上非常流行的，
虽然不知道内容是什么，
但会先收藏一下，有时间再看的现象。

拖延一时爽,一直高效一直爽

当你觉得无聊时,

翻开手机中你收藏的内容,

马上就有事可干啦。

门禁效应

一种当代年轻人独有的，

因为要进行卸妆、换隐形眼镜、

吃保健品等一系列复杂睡前准备活动，

不管在外玩到多晚都一定会回家睡觉的奇怪现象。

PART

拖延一时爽,一直高效一直爽

把这个效应告诉父母,

下次你在外面玩到很晚的时候,

他们知道反正你肯定会回家的,

就不会再打电话一直问你了。

下饭效应

一种当代年轻人在吃饭时,

一定要找到一个满意的下饭剧才会开始进食的奇怪现象。

即使吃一顿饭只需要 10 分钟,

但却要花上半个小时来找到一部满意的下饭剧。

PART

拖延一时爽,一直高效一直爽

吃饭需要仪式感!

如果你也是这样的当代青年,

那么在外卖到来的半个小时之前就开始找今天的下饭剧吧!

◆ 不准时闹钟效应 ◆

一种每天睡前都会定很多个闹钟，
第二天早上直到最后一个闹钟都响完了
也不会起床的奇怪现象。

PART

拖延一时爽,一直高效一直爽

如果这样还是起不来,

不如给自己定一个死线,

只留最晚的那个闹钟。

9:00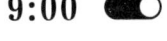

◆ 脱欧效应 ◆

一种聚会的时候已经跟大家说你要走了,
然后还继续待在那里的奇怪现象,
宛如一直号称要脱欧的英国。

PART

拖延一时爽,一直高效一直爽

当你在一个集体环境中,
想知道自己的受重视程度时,可以先假装要离开,
然后默默留在那里观察大家的态度,
以此来达到自己的目的。

吵架不如打游戏效应

一种当代网瘾青年在和男/女朋友吵完架后,转头就会去打游戏的奇怪现象。

PART

拖 延 一 时 爽， 一 直 高 效 一 直 爽

如果你和男朋友经常吵架，
不如试试这条效应，各自打打游戏，
当你们沉迷在其中时，
就会发现矛盾竟然无形中消失了。

◆ 边急边玩效应 ◆

一种常见于当代年轻大学生之间，
每到期末来临之前，心里一边为考试着急，
一边却更加沉迷于娱乐活动的奇怪现象。

知道了这个效应,如果你不想挂科的话,学期初的时候就开始边学习边复习吧。这样到了期末,看到别人都在边急边玩,你却已经复习完了,你会玩得更快乐的。

快乐 x2

精致熬夜效应

一种常见于当代年轻人的，

一边熬夜晚睡，

一边敷各种面膜和眼霜来修复皮肤的奇怪现象。

PART

拖延一时爽,一直高效一直爽

当你看到了这个效应,

就可以提前准备好面膜和眼霜了,

反正夜总是会熬的,不如和大家一起精致一下。

视频广告效应

一种能让当代年轻人抓狂的存在,
明明已经无所事事一整天了,
但是面对视频网站里2分钟的广告,
才真的感受到时间就是金钱,
立马乖乖掏钱充会员的奇怪现象。

PART

拖延一时爽，一直高效一直爽

如果只是为了跳过视频前面的广告，
你真的可以省下这笔钱，
起身去倒杯水，
抬起头来你就会发现广告早过了。

碎片化工作效应

外出的时候因为事情没做完特别焦虑,
于是把电脑背在身上想利用空余时间完成工作,
最后却连电源都没有打开过的奇怪现象。

时间是没有办法被百分之百利用的,
知道了这个效应,就别辛辛苦苦地带东西了吧,
你是不会打开的。

◆ 意念回复效应 ◆

一种在手机聊天中,
看到对方发来的消息,
在头脑中过了一下,
然后就以为自己回过了的奇怪现象。

如果你的朋友和你都是意念回复党,

那你可以笑着跟他分享这条效应;

如果你因为意念效应而苦恼,

那就从看到这条开始,想到啥就马上回复吧!

PART

只要我够懒，
就会找到更机智的解决办法

虽然我懒，但偷懒我是认真的！

小羊皮卷
LAMBSKIN ROLL

◆ BGM 效应 ◆

在家一定要打开一个视频或音乐,
否则就会觉得很不自在的现象。

● PART

只要我够懒,就会找到更机智的解决办法

不想干活的时候,不妨打开电视机当背景音乐,劳动马上就会变得有意思了呢!

沙县小吃效应

在一群人都不知道吃什么的情况下,
如果有一个人说:"要不去吃沙县小吃吧!"
那么,大家就会瞬间冒出一大堆想吃什么的想法
来否定这个提议。

● PART

只要我够懒,就会找到更机智的解决办法

和朋友聚餐时,

如果你希望她们能主动说出想吃的东西,

不妨试试提议去吃沙县小吃,

这样就会有很多选择啦!

美丽芭蕾效应

每一个想要变美的女孩子，
几乎都会跟着《美丽芭蕾》这套教程学习改善形体，
这逐渐变成了一种追求美丽的暗号。

PART

只要我够懒,就会找到更机智的解决办法

如果你想变美却不得其道,

不如先搜索一下《美丽芭蕾》找到组织吧!

减肥绊脚石效应

每当你开始想减肥的时候,

饭局邀约总会莫名其妙地变多,

成为减肥路上的绊脚石。

PART

只要我够懒,就会找到更机智的解决办法

如果是和关系好的朋友约饭,

那不如在饭桌上做那个多说话、少动筷子的人。

这样既参加了约会,也不会长胖太多。

小羊皮卷
LAMBSKIN ROLL

金鱼记忆效应

明明智力没问题,

但记忆能力却像金鱼一样,

只能保持7秒,

转眼就忘记了刚刚要做什么事的奇怪现象。

PART

只要我够懒,就会找到更机智的解决办法

需要做的重要事情最好还是写下来比较保险。

不重要的事情忘记了怕啥,

反正 7 秒之后,

你就会忘记了自己忘记做这件事啦。

无事发生

◆ 随机播放效应 ◆

一种在听歌的时候明明是自己选择了随机播放，但随机之后又会不自觉地切掉很多歌的奇怪行为。

PART

只要我够傲，就会找到更机智的解决办法

当你手机内存不够的时候，
采取这种随机播放的方式，
这时被你切过去的那些歌就可以删掉
来腾出一些内存啦。

◆ 粉丝电影 ◆

一种由超高人气的年轻演员主演的、
不在乎剧情、不要求演技、不追求奖项的,
由特定人群买单的电影形式。

PART

只要我够懒,就会找到更机智的解决办法

当你想去看电影又不知道该选哪部时,

看看主演阵容和获奖经历,

基本可以先排除这一类电影。

小羊皮卷
LAMBSKIN ROLL

◆ 过早防晒效应 ◆

在每年春夏之交,总有一批爱美人士,
每天出门涂满防晒霜,戴上口罩、墨镜和帽子,
还要打伞才愿意出门。
然后到了最容易晒黑的盛夏,
却会发现她们已经抛弃了这身行头。

PART

只要我够懒，就会找到更机智的解决办法

为了美做得太过夸张，

反而会消耗坚持下去的激情，

一步一步来，反而有利于长久保持美丽。

小羊皮卷
LAMBSKIN ROLL

◆ 柠檬效应 ◆

一种每天在网上羡慕和嫉妒别人的绝美爱情,而在现实生活中对身边的异性毫无兴趣的奇怪行为。

PART

只要我够懒,就会找到更机智的解决办法

既然这样不如在别人的爱情里,

看看自己喜欢什么样的类型,

然后有针对性地扩大交际圈,

这样你会有更大的机会获得甜蜜的爱情。

小羊皮卷
LAMBSKIN ROLL

名场面效应

一种明明没看过一部剧，

却因为在各种平台上看到该剧的经典场面，

而开始像老粉一样熟练运用剧中梗的奇怪现象。

● PART

只要我够懒，就会找到更机智的解决办法

为了将梗用得更加出神入化，

不如看看全剧了解一下名场面怎么来的吧，

说不定你会因此找到一部喜欢的好剧。

哈哈哈哈哈哈
片单 +1

小羊皮卷
LAMBSKIN ROLL

◆ 周末废人效应 ◆

一种工作日时在脑海里把周末计划排得满满当当，真正到了周末却根本连床都不会下的奇怪现象。

PART

只要我够懒，就会找到更机智的解决办法

身体比头脑更先一步做出了选择，

那就别纠结了，你会发现无意之中连选择困难症都克服了。

小羊皮卷
LAMBSKIN ROLL

相关热搜效应

一个人或一件事成为热门话题之后,
常常有一些莫名其妙的相关事物会同时被大众广泛关注,
广大吃瓜群众可以据此复习过去的经典案例。

热搜

PART

只要我够懒，就会找到更机智的解决办法

写论文时如果不知道如何发散性地做分析，

可以选择一个热门话题点进去，

看看八卦传播的关联性，说不定会对你有所启发。

八卦

◆ 仪式感效应 ◆

一种吃泡面要用韩式泡面锅,

喝可乐一定要配玻璃杯,

搬砖之前也要涂上好看的口红再开始的非常规操作。

BENKU

笔记本里的夏日

01.《我喜欢为你痴狂》
65 封手账的未来。
放在记录着我们的日子。

02.《上瘾情侣》
极致炫彩·恋爱日记。
所有情绪都能表达。

03.《日日有期宴》
一本让你看着就觉得要做饭！
在生活细碎里，阻挡日历、
收集最温暖，最甜美的每一天。

口袋指南养成系列

01 《爱推荐单》

日常答疑进阶Y先生指南书！不错过每一个Y先生的踩雷点，让这件事永不崩溃的恋爱篇。

02 《Y先生X你》

了解真正的自己，做最好的自己，也可以让你轻易收获100分！

03 《你能让你开心的 100 小定律》

世界上99%的烦恼，一句话就能说明白。每日一读，发现生活中的幸福。

04 《小幸参》

《小幸参》是作Y先生篇章《小幸参》后遇见Y先生的事。由20%的Y先生，将秘密写到100%的书里。

口袋锦鲤系列
KOU DAI JIN LI XI LIE

PART

只要我够懒，就会找到更机智的解决办法

普通的生活会因为仪式感而变得熠熠生辉，

当你觉得生活太无趣了，

不妨尝试过一下有仪式感的生活。

小羊皮卷
LAMBSKIN ROLL

◆ MUJI 效应 ◆

一种以出售生活方式为口号,
然后通过卖生活周边盈利的反常规操作。

● PART
只要我够懒，就会找到更机智的解决办法

如果你想改变生活方式又没有参考，
去 MUJI 体验一站式服务就没错了。

可乐鸡翅效应

当代年轻人学习做菜时默认的第一选择,
尽管这个菜并不能让他们吃饱。

只要我够懒，就会找到更机智的解决办法

● PART

当你想学习做菜但又怕吃了长胖时，

　　就选可乐鸡翅吧。

小羊皮卷
LAMBSKIN ROLL

◆ 豆瓣电影效应 ◆

一种高分电影不一定好看,
但低分一定很难看的奇怪认知。

● PART

只要我够懒，就会找到更机智的解决办法

当你想看一部老电影，

但又不知道是否值得时，

可以通过豆瓣电影评分来做出初步判断。

连锁效应

外出旅行时,

明明打算要多品尝当地的美食,

最后却总是在熟悉的连锁店吃饭的奇怪现象。

PART

只要我够懒,就会找到更机智的解决办法

了解了这个效应,

出门旅行你就可以不用为吃什么而纠结了。

在预算不太充足的情况下,

这个效应还可以为你省下一笔餐饮费,

毕竟连锁店一般都不会太贵。

习惯性好评效应

一种在现实生活中购物会货比三家、讨价还价，而在网络购物中不管是否满意，都会习惯性给好评的奇怪现象。

PART

只要我够懒，就会找到更机智的解决办法

如果你经常网购到不合适的东西还习惯性给好评，

看到这个效应时你就会发现，

你可能更适合在实体店购物。

自我感动效应

一种懒惰太久了,稍微努力一下,
就觉得自己是在拼命的奇怪现象。

PART

只要我够懒，就会找到更机智的解决办法

当你知道了这种效应，

就可以有意识地训练自己，

避免自我感动，摆正心态继续努力。

PART

喜欢是冲动，热爱是放肆

偶尔率性而为，
为自己的生活加点惊喜。

小羊皮卷
LAMBSKIN ROLL

◆ 吸猫效应 ◆

一种控住不住自己,

看到小猫就想摸,

看到猫片就想舔的行为。

PART

喜欢是冲动，热爱是放肆

压力太大的时候，吸猫可以调节心理，

有益身体健康！

有条件的话，也可以自己养一只小猫，

全方位感受猫咪带来的治愈效果。

种草效应

有的东西你本来并不想买,
一旦有网红博主推荐就忍不住购买的现象。

PART

喜欢是冲动,热爱是放肆

博主的推荐能帮你了解更多你不知道的好物,
说不定从此你就开始变得越来越精致了。

◆ 没衣服穿效应 ◆

一种当代年轻女性,

每到换季都会觉得自己没衣服穿的奇怪现象。

PART

喜欢是冲动，热爱是放肆

换季觉得没衣服穿那是因为想买新的啦，
不如把去年的旧衣服挂上闲鱼，
这样既不浪费，又多了一笔钱买新衣服，
可以说是两全其美。

心血来潮效应

经常会有头脑一热,突然想做某件事的冲动,
风风火火地开始之后,没几天就放弃了。
过一段时间之后,再次开启循环模式的奇怪效应。

● PART

喜 欢 是 冲 动, 热 爱 是 放 肆

这种情况下,如果再次心血来潮,

不妨将你想做的事情,分成阶段性目标,

一步一步地完成,

这样起码可以算是一个小小的进步呢!

转身嫌弃效应

一段时间之前收藏在购物车里非常喜欢的东西,
如果因为各种原因没买成,
过段时间再回头看就会嫌弃万分,
甚至会怀疑自己当时的审美。

PART

喜欢是冲动，热爱是放肆

没钱又想买东西的时候，
先做点别的事情转移一下注意力。
过个一个月再回头看，
说不定可以直接省下这笔钱。

叛逆评分效应

一种看了某部电影之后,本来内心觉得不错,
但如果看到全网都在过分吹嘘这部电影,
反而会不自觉地给打下低分的叛逆心理。

● PART

喜欢是冲动，热爱是放肆

如果你去看一部电影之前想知道是否符合自己的胃口，

可以过滤掉对此电影过高或过低的评价，

这样可以了解到相对客观的评价。

理智.JPG

租房改造效应

年轻人一边寻找价格低廉的出租屋，一边花费比房租还多的钱对不属于自己的房子进行改造的奇怪行为。

PART

喜欢是冲动，热爱是放肆

当你在房租上省下了一笔钱，
正好可以把它花在改造房子上，
这样既可以住在自己喜欢的环境里，
又能打发好长一段无聊的时光。

分期付款效应

一种明明最后付款总额高于一次性付款,却被很多人认为赚到了的消费方式。

PART

喜欢是冲动，热爱是放肆

分期付款的前提是每个月都有收入，
   如果你想阻止自己草率辞职，
可以选择这种消费方式来督促自己。

✦ 健身年卡效应 ✦

一种只要在健身房办下年卡,

接下来的一整年时间内,

在这家健身房累计锻炼的时间

绝对不会超过一个月的奇怪现象。

既然年卡并没有发挥应有的作用,

那还不如在想去锻炼的时候再购买单次体验卡。

小羊皮卷
LAMBSKIN ROLL

基础款效应

一种以低调、百搭、不挑人的特点闻名，
但只要自己穿上身，立马变土变丑的神奇服饰。

● PART

喜欢是冲动，热爱是放肆

如果你是一个长相和身材都很普通的人，
那么选择稍微带一些特别设计元素的服装，
会比基础款更能修饰你的身形。

◆ 破产姐妹效应 ◆

一种常见于年轻女孩之间,

互相分享淘宝链接,一起疯狂购物直到破产的现象。

● PART

喜欢是冲动,热爱是放肆

当你拥有和你一样喜欢购物的朋友,
互相分享的同时,可以一起约定每个月存相同数量的钱,
这样积累到了一定金额,
还可以一起买个平时买不起的大件呢。

Kindle 效应

为了更方便地看书,

所以买下一个 kindle,

然而买来后发现它最大的作用其实是盖泡面。

喜欢是冲动，热爱是放肆

● PART

很多看似有用的东西买来之后才会发现很鸡肋，

此时只要像 kindle 一样，

发掘出它的一个其他作用，你就不算亏了。

外卖冒险效应

一种点外卖时,总是会选择没吃过的店家,尽管屡次踩雷,依然控制不住自己的行为。

PART

喜 欢 是 冲 动, 热 爱 是 放 肆

当有同事问你周围哪家外卖好吃时,

你可以第一时间帮她排除一大堆不好吃的选项了。

小羊皮卷
LAMBSKIN ROLL

— ◆ **前方高能效应** ◆ —

一种常用来剧透的弹幕词汇，

恐怖片气氛杀手。

PART

喜欢是冲动,热爱是放肆

当你是一个胆子小又很想看恐怖片的人,

打开弹幕看吧,

每一处吓人的地方都会有"前方高能"护体。

爆款效应

一种商家用来宣传,

买家用来避雷的购物暗号。

● PART

喜 欢 是 冲 动， 热 爱 是 放 肆

如果你不想在大街上跟太多人撞衫，

一定要遵循此效应，

避开一切带有"爆款"关键词的商品。

小羊皮卷
LAMBSKIN ROLL

◆ 拆快递效应 ◆

一种常见于当代网购人群,

拿到快递之后一定要立马拆开,

但拆开以后就兴致全无,甚至想退货的奇怪现象。

● PART

喜欢是冲动,热爱是放肆

忍不住想乱花钱的时候,
就看一眼你身边刚拆的快递,
还想买吗?

吃完这顿减肥效应

减肥期间的专用咒语,
一旦说出这句话,不管这顿吃得多不多,
减肥都会失败。

巴拉拉减肥失败

● PART

喜欢是冲动,热爱是放肆

忘记这句咒语,

收获一次成功的减肥。

PART

我不是社恐,我只是一株含羞草

我的社交方式:
等别人来找我社交。

小羊皮卷
LAMBSKIN ROLL

小羊皮卷
LAMBSKIN ROLL

◆ 被动追剧效应 ◆

没看过热播剧,却能在各种公共场合里,
通过其他人的外放,得知大部分剧情的现象。

PART

我不是社恐,只是一株含羞草

碎片时间就能掌握最新热播剧的信息,
正好可以用来拉进与同事或者朋友们的距离。

社交 NPC 效应

一种在现实社交生活中,

只和主动与自己说话的人说话的现象,

仿佛游戏里的 NPC。

PART

我不是社恐，只是一株含羞草

当你在社交生活中不好意思主动和陌生人交流的时候，

不妨默默地给予别人一点帮助，

这样会极大增加别人主动和你说话的概率。

伸出"圆"手

小羊皮卷
LAMBSKIN ROLL

◆ 毛玻璃心效应 ◆

一种因为非常没有安全感，

所以在社交生活中，

不轻易向别人展现自己内心的现象。

PART

我不是社恐,只是一株含羞草

在不了解对方的情况下,先保护自己,
顺便观察一下对方,如果是值得交往的朋友,
再对别人敞开心扉也是一种很机智的社交办法。

烧烤效应

一种遇到不开心的事情时,
必须约上好友去烧烤摊吃烤串,
才能排解郁闷的奇怪现象。

● PART

我 不 是 社 恐，只 是 一 株 含 羞 草

下次当你遇到不开心的事情，又不想说出来，
就赶快约上朋友去吃烤串吧！
没有什么是一顿烧烤解决不了的，
吃着吃着你就愿意倾诉啦。

◆ 表情包效应 ◆

一种明明审美没问题,
但一看到搞怪、高糊的丑陋表情包,
就忍不住收藏并使用的奇怪举动。

PART

我 不 是 社 恐，只 是 一 株 含 羞 草

其实反过来，根据表情包可以快速发现

哪些人跟你有共同的爱好哦，

这样在网络社交中可以快速拉进你和网友之间的距离。

同款表情包

格子衫效应

如果你看到一个成年男子,
一年之中有大半的时间都在穿格子衬衫,
基本可以判断此人为理科男。

● PART

我 不 是 社 恐， 只 是 一 株 含 羞 草

当你工作上遇到一些理科问题需要找人求助时，
先寻求穿格子衬衫的男同事帮忙，
可极大提高解决问题的效率。

鬼畜效应

一种在互联网上通过丑化、搞笑化正经东西的方式，来娱乐自己和大众的反常规操作。

PART

我不是社恐,只是一株含羞草

在生活中,想拉进自己和他人的距离时,

也可以适当地用一些这种方式,

当别人觉得你很搞笑时,你们的关系就会融洽多啦。

小透明效应

有的人明明私下外向得不行，

可一到了陌生的社交场合，就开启隐身模式，

仿佛自己是个小透明的奇怪现象。

PART

我 不 是 社 恐，只 是 一 株 含 羞 草

如果你是这种小透明，

想在社交场合找到一个同伴一起自闭，

就盯紧那些一言不发地埋头吃饭的家伙。

小建议效应

聊天的时候,

如果有人铺垫说提出一个不成熟的小建议,

就意味着他要提出反对意见了。

我不是社恐，只是一株含羞草

下次如果听到这种措辞，

可以先在内心平复一下心态，

免得突然听到相反的意见气到想跺脚。

小羊皮卷
LAMBSKIN ROLL

以退为进效应

与别人产生了分歧时，
一旦对方退让一步，
自己马上因为愧疚而后退三步的奇怪行为。

PART

我 不 是 社 恐，只 是 一 株 含 羞 草

如果想和别人在争论中获得自己想要的，

　　退一步往往会比强势争执更有用。

关键词效应

一种在对话中永远只能捕捉到非关键信息的能力,
比如当听到"你可长点心吧"
首先想到的只有"点心"两个字。

PART

我不是社恐，只是一株含羞草

当你处在一个比较局促的对话环境中时，关键词效应可以达到缓解气氛的作用。

点心？
什么点心？

小羊皮卷
LAMBSKIN ROLL

来都来了效应

做一件事或去一个地方,
发现情况跟自己预想的不一样时,
用于安慰自己的专用术语。

PART

我不是社恐，只是一株含羞草

当你去参加同学聚会，却发现来了你不喜欢的人，
马上离开又会显得很失礼，
这时你就可以用"来都来了"安慰自己，
然后开始沉浸于美食或者其他事物之中。

秀恩爱效应

那些在公众场合和社交媒体上大肆秀恩爱的情侣,最后往往都会落个不欢而散的下场。

PART

我不是社恐，只是一株含羞草

"秀恩爱，分得快"，与其让别人吐槽你的甜蜜爱情，
不如多花点时间和喜欢的人相处，
真实的体验比获得点赞更能带来幸福感。

小羊皮卷
LAMBSKIN ROLL

◆ 性子直效应 ◆

口不择言的人

在社交生活中用来当挡箭牌的术语，

常见于说了一些很不合时宜的话，

然后用"性子直"当托辞。

嘻嘻

PART

我不是社恐，只是一株含羞草

如果你是一个不太喜欢与人争执的人，

在生活中遇到常说这句话的人，

最好尽量远离他，避免给自己带来不快。

远离

哈哈哈哈哈哈哈效应

一种网络社交中的万能回复,

一串简简单单的笑声,

竟然能在不同的对话中承担那么多不同的意义。

PART

我不是社恐，只是一株含羞草

如果你是一个不善于网络聊天的人，

那么善用"哈哈哈哈哈哈哈"

可以给你免去很多社交困扰，

至于具体含义，就让对面的人意会吧！

歌单静止效应

一种到了某个年纪,
不管出了多少新歌手和新歌,
自己听的歌单却基本不会发生变化的奇怪现象。

PART

我不是社恐,只是一株含羞草

如果你在社交场合遇到多年不见的朋友,

一时找不到什么话聊,

可以一起说说最近在听的老歌,

你们很快会产生共鸣的。

小羊皮卷
LAMBSKIN ROLL

◆ 多喝热水效应 ◆

一种男朋友最爱用、女朋友最讨厌的关心话语,

以不能缓解疼痛,

却可以增加暴躁值为特点被广泛误用。

PART

我不是社恐，只是一株含羞草

当女朋友难受的时候，

为她端来一杯热水的效果远远好于对她说"多喝热水"。

游戏黑洞效应

一种不管玩什么游戏，
最后都会沉迷于好看的衣服和配饰，
对游戏剧情和攻略毫无兴趣的奇怪现象。

当你有一个这样的女朋友时,
　　与其抱怨她不会玩游戏,
　　还不如送她一些好看的装备,
　　这样游戏和女朋友就都能保住了。

◆ 与我无关效应 ◆

一种坐自己的车,让别人去走路的淡薄心境。

PART

我不是社恐，只是一株含羞草

遇到让你非常不耐烦，

又不好当场怼别人的情况时，

"与我无关"四个字可以让你诙谐地全身而退。

微笑表情效应

当代年轻人表示冷漠的暗号,
父母辈最爱使用的表情,
一种两辈人永远都无法理解对方的神奇表情。

我不是社恐，只是一株含羞草

关爱爸妈，

从主动发出一个笑脸表情包开始。

中医效应

一种聊天时的定时炸弹,
你经常可以看到平时非常友好的人,
听到对于中医的不同看法,
都会忍不住跟人争执的奇怪现象。

PART

我不是社恐，只是一株含羞草

如果你是个不喜欢吵架的人，

聊天时最好避开这些容易引战的话题。

重映效应

常见于电影圈,

为情怀买单的典型现象。

● PART

我 不 是 社 恐，只 是 一 株 含 羞 草

如果你的朋友欠钱不还，你又不好意思开口，

可以邀请他去看一场重映的电影，

然后告诉他，某某导演的票钱我还了，该你还钱了。

独乐乐效应

当代年轻人"众乐乐不如独乐乐"的反常规操作,比起出门社交,他们更喜欢宅在家里看书、刷剧,沉迷在自己的小世界里。

我不是社恐，只是一株含羞草 PART

如果下次有人想邀请你去
参加不喜欢的社交活动，
你又不方便拒绝，
可以发一条关于这个效应的朋友圈暗示他。

图书在版编目（CIP）数据

小羊皮卷 / 嗨迪 编著.—武汉：长江出版社，
2019.9
ISBN 978-7-5492-6675-3

Ⅰ.①小… Ⅱ.①嗨… Ⅲ.①人生哲学—通俗读物
Ⅳ.①B821-49

中国版本图书馆CIP数据核字（2019）第198590号

本书由天津漫娱图书有限公司正式授权长江出版社，在中国大陆地区独家出版中文简体版本。未经书面同意，不得以任何形式转载和使用。

小羊皮卷 / 嗨迪 编著

出　　版	长江出版社			
	（武汉市解放大道1863号　邮政编码：430010）			
选题策划	漫娱　胡丽云　陈斯诺			
市场发行	长江出版社发行部			
网　　址	http://www.cjpress.com.cn			
责任编辑	陈　辉　罗紫晨			
特约编辑	陈雪琰			
总 编 辑	熊　嵩			
执行总监	罗晓琴	**开　本**	787mm×1092mm　特规 1 / 32	
装帧设计	刘江南	**印　张**	7	
印　　刷	恒美印务（广州）有限公司	**字　数**	112千字	
版　　次	2019年9月第1版	**书　号**	ISBN 978-7-5492-6675-3	
印　　次	2019年9月第1次印刷	**定　价**	25.00元	

版权所有，翻版必究。如有质量问题，请联系本社退换。
电话：027-82926557(总编室)　027-82926806(市场营销部)